ユーズ
use

ペクト
pect

リサイクル
Recycle

リペア
Repair

➡3巻P34

シリーズ
# 「ゴミと人類」
## 過去・現在・未来 ①

## 「ゴミ」ってなんだろう?
### 人類とゴミの歴史

著／稲葉茂勝

## 写真で考えよう ゴミと人びとのかかわりの歴史

いまも昔も、日本でも世界でも、人びとはゴミとかかわってきました。人びとにとって「ゴミ」とはなんなのでしょうか？ 大量消費・大量廃棄により、ゴミの量が増えだした1960年代と、現代のようすを写真で見ながら考えてみましょう。

1960年の東京。荷車（→P32）によるゴミ収集のようす。当時はこのような光景がまちのあちこちで見られた。　写真：東京都

1964年のフランスで、家庭から出たゴミを処理する人たち。　写真：ユニフォトプレス

「ゴミのまち」とよばれた、エジプトの首都・カイロ郊外のまち（2011年7月）。エジプト国内からゴミが運ばれてくる。住人たちはゴミをリサイクルすることで、生計を立てている。
写真：Caters／アフロ

まちなかに積みかさねられたゴミの山（イギリス・ロンドン、2011年9月）。

レバノンの首都・ベイルート郊外にできた「ゴミの川」（2016年2月）。主要なうめ立て処理場が2015年7月半ばに使用期限をむかえたため、市が閉鎖。それ以降、市内のゴミが回収されずにあふれかえるようになり、数百メートルにわたってゴミ袋が積みかさなって川のようになった。
写真：Barcroft Media／アフロ

# はじめに

最近、フリーマーケットがさかんにおこなわれています。

お気に入りの服でも、からだが成長すれば着られなくなってしまいます。すててしまうより、だれかに着てもらいたい！ある人にとって不要となったものでも、別の人にとって役立つことはよくあります。

日本には、古くから**「もったいない」**ということばがあって、ものをたいせつにする精神が根づいてきたといわれています。

しかし、高度経済成長を経験した日本は、そのことばも精神もわすれてしまったかのように、いつしかものをどんどんつかいすてるようになってしまいました。

日本が1年間に焼却するゴミの量は約3480万トンで世界1位、2位がドイツの約1671万トン、3位がフランスの約1210万トンと続きます（OECD、2013年）。また、ゴミの焼却炉の数は、1位が日本の1243、2位がアメリカの351、3位がフランスの188と、日本がとびぬけて多くなっています（OECD、2008年）。

この理由の1つとして、食料品のプラスチックトレイや包装紙の使用の多さがあげられます。衛生上の理由と便利さにより、1990年代ごろからプラスチックトレイなどの使用が急速に広がりました。同時に、焼却炉をどんどん増やしてきました。

ゴミを焼却すれば、空気をよごします。温室効果ガスがどんどん出ていきます。地球環境を破壊していきます。ゴミを出さないようにすることは、現在、国際社会のなかで日本が急いでやらなければならない重大な課題となっています。

日本人の一人ひとりが、どうすればゴミを減らせるのかを考え、実行しなければならないのです。

ところが、日本は外国にゴミを輸出しています。これは、中古自動車などのように、日本では不要とされたものでも外国で必要とされているからということもあります。しかし、そういうことだけでは決してありません。日本で処分にこまってしまったものを外国におしつけて、処分してもらっているともいえます。お金を支払って。

こういう話もあります。

温室効果ガスは排出してもよい量が国際的に取り決められています。ところが、日本の排出量はその範囲をこえてしまっています。一方、決められた範囲にまだ余裕がある国もあります。そこで日本は、日本がこえた分を、お金を払ってその国が排出したかたちにしてもらっているのです。これは、日本国内で処理できないゴミを外国で処理してもらっているのと同じことなのです。

そんな日本であるにもかかわらず、こんなできごとがありました。
2004年、アフリカ・ケニアの環境保護活動家ワンガリ・マータイさんが「持続可能な発展・民主主義・平和へ多大な貢献をした」という理由で、ノーベル平和賞を受賞しました。そのマータイさんは、2005年3月に国連でおこなった演説で、日本語の「もったいない」ということばを紹介し、会議の参加者全員に「もったいない」をとなえるようもとめたのです。会場に「もったいない」がひびきわたった瞬間でした。そしてその後、世界じゅうにこの「もったいない（MOTTAINAI）」が知られるようになりました。

日本には、世界に向かってほこれることがあります。ただゴミを外国におしつけて、すずしい顔をしているわけではありません。ゴミ処理に関する技術開発に真剣に取り組んできました。温室効果ガスの排出量を極力少なくした焼却炉もつくってきました。いまや日本のゴミ処理技術は、世界でも最高水準に達しているのです。

冒頭に書いたように、一般の人たちも「もったいない」ということばを思い出してきました。ゴミ問題を毎日の生活のなかで真剣に考える人が増えてきました。ゴミの出ない買い方・つかい方をするように、むだなものを買わずに本当に必要なものを買うように心がける人や、紙袋や本のカバーなど必要以上の包装をことわり、買いもの袋を持っていく人も増えてきました。つかいすてのものや食料品トレイをさける人も……。それでもまだまだ不十分です。

世界と日本のゴミ問題は、まったく解決していません。こうしたなか、日本人のひとりとして、もっともっとやらなければならないことがあります。地球にくらす人類としても。

この、シリーズ「ゴミと人類」過去・現在・未来は、人類という大きな視点からゴミ問題を考え、これからもやっていかなければならないことを、いま一度確認してみようというものです。つぎの3巻で構成しました。

**1**　「ゴミ」ってなんだろう？　人類とゴミの歴史
**2**　日本のゴミと世界のゴミ　現代のゴミ戦争
**3**　「5R＋1R」とは？　ゴミ焼却炉から宇宙ゴミまで

さあ、このシリーズをよく読んで、ゴミを少しでもなくしていこうという気持ちを、もっともっと高めていきましょう。

こどもくらぶ　稲葉茂勝

# もくじ

**写真で考えよう** ゴミと人びとのかかわりの歴史 ………………………… 2
はじめに ……………………………………………………………………… 4

## PART 1 ゴミの基礎知識

①ゴミのはじまり ……………………………………………………………… 8
②ゴミからわかる人類の歴史 ………………………………………………… 10
●もっとくわしく! 「学者にとってゴミすて場は宝の山」とは? ……… 11
③そもそも「ゴミ」とはなにか? …………………………………………… 12
④「ゴミ」から「宝物」 ……………………………………………………… 14
⑤「ゴミ」をあらわす漢字 …………………………………………………… 16
⑥「ゴミ」の語源 ……………………………………………………………… 18
●もっとくわしく! 自動車の排気ガス ……………………………………… 19
⑦現代社会では? ……………………………………………………………… 20

## PART 2 世界と日本のゴミの歴史

①ゴミは川への時代 …………………………………………………………… 22
②江戸時代のゴミ処理 ………………………………………………………… 24
③産業革命とゴミ ……………………………………………………………… 26
●もっとくわしく! ゴミと病気、その対策 ………………………………… 28
④明治維新とゴミ問題 ………………………………………………………… 30
⑤戦後の日本のゴミ …………………………………………………………… 32
●もっとくわしく! ゴミ問題年表 …………………………………………… 34
⑥ゴミ=廃棄物? ……………………………………………………………… 36
●もっとくわしく! 「ゴミ」をあらわす外国語 …………………………… 38
●もっとくわしく! 写真で見る世界のゴミの分別 ………………………… 40

**資料編**
- 二酸化炭素の排出量の多い国(2012年) ■各国における二酸化炭素排出量の推移 … 41
- プラスチック製品の消費量推移(国内) ■ペットボトルの生産量推移(国内) … 42
- 産業廃棄物の排出量の推移(国内) ■一般廃棄物の総排出量の推移(国内) … 43

**用語解説** ……………………………………………………………………… 44
**さくいん** ……………………………………………………………………… 46

# この本のつかい方

この見開きのテーマ。

この見開きがなにについて述べているかをかんたんに説明しています。

青字のことばは用語解説（44～45ページ）で解説しています。

中国では、宋の時代（96

写真や図。内容を補足し、イメージをつかみやすくするのに役立ちます。

本文に関連する一歩ふみこんだ情報を紹介しています。

本文の内容についてのよりくわしい情報を精選して掲載しているページです。

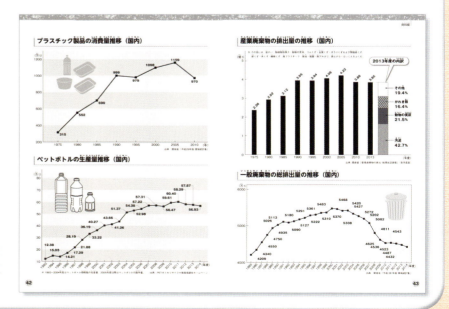

PART1、PART2の内容をより深く理解するのに役立つ資料を紹介しています。

# PART 1　ゴミの基礎知識

写真：新潟県立歴史博物館

縄文時代のくらしを再現した展示。魚の骨や貝がらなどは決まった場所にすてられていた。

# 1 ゴミのはじまり

太古の昔、人類は海や湖、川の近くに住みつき、魚や貝などを食べていたと考えられています。魚の骨や貝がらなど**不要なもの**はすてました。これが、**人類とゴミ**の関係のはじまりです。

## 貝塚はゴミすて場のはじまり

大昔の人類は、ゾウやシカなどの大型の獣を追いかける狩猟生活をしていました。しかし、地球が温暖化していくにつれて、1つの場所に定住するようになります。人類が最初に住みついたところは海や湖、川の近くでした。そこで魚や貝をとって生活していました。それから農耕をはじめるようになりました。

「貝塚」とは、古代の人類がすてた貝がらなどが、長い時間をかけて積みかさなった場所のことです。「貝」という語が入っていますが、そこには、貝がらのほか、獣や魚の骨など、さまざまなものもすてられました。

貝塚は、ヨーロッパでは中石器時代からつくられたと考えられています。一方、日本では、縄文時代から弥生時代中期までのものが発見されています。日本の貝塚からは、破損した土器や石器などの道具類の破片や焼土、灰なども発見されています。

# 世界最大の貝塚密集地帯

　日本列島では、これまで約2300か所で縄文時代の貝塚が発見されています。その多くが東京湾の東沿岸にあります。とくに千葉県に集中していて、そこは「世界最大の貝塚密集地帯」となっています。

　貝塚は、世界の各地でも発見されています。それらの地形の特徴から、かつては海の貝がらが自然に堆積してできたと考えられていました。ところが現在では、自然にできたものではなく、人類がつくったものだと考えられるようになりました。なぜなら、貝塚から貝がらのほかにも動物の骨や石器・土器が発見されているからです。

● 縄文時代の貝塚の分布

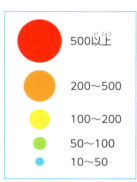

- 500以上
- 200〜500
- 100〜200
- 50〜100
- 10〜50

出典：『ビジュアル版 縄文時代ガイドブック』勅使河原 彰／著（新泉社）より作成

千葉県千葉市の加曽利貝塚博物館では、日本最大級の貝塚とされる加曽利貝塚の貝層断面を見ることができる。

## もっと知りたい！

### 外国語では？

　貝塚は、英語ではshell moundという。shellは「貝がら」、moundは「塚*」や「土砂や石などの山」といった意味。

　中国語では、「贝塚」。贝は日本語の「貝」、塚は「塚」をあらわす漢字。

＊土を高く盛って築いた墓。

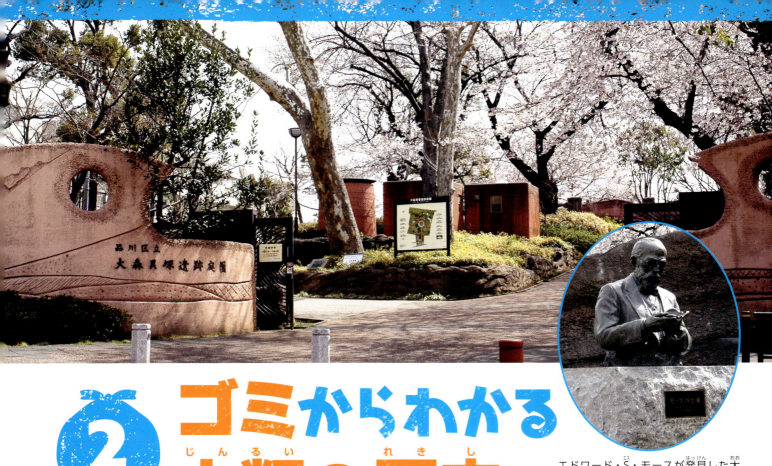

# 2 ゴミからわかる人類の歴史

エドワード・S・モースが発見した大森貝塚は、大森貝塚遺跡庭園（東京都品川区）として整備されている。ここには、モースの胸像も置かれている。

人類が定住しはじめると、決まった場所に**ゴミすて場**をつくるようになります。**人間の生活**にはゴミはつきものです。かならずなんらかのゴミが出ます。**ゴミの歴史**は、**人類の歴史**でもあります。

## 日本の貝塚

1877（明治10）年にアメリカの動物学者エドワード・S・モースが偶然、大田区から品川区にかけて分布する貝塚を発見（大森貝塚）。また、千葉県の西之城貝塚と神奈川県の夏島貝塚からは、紀元前7500年ごろの縄文時代早期の土器が発見されました（日本で発見された最古の貝塚）。

各地の貝塚のなかには、貝がらがきれいに整列されていたり、貝札などが見つかったりしたところもあったことから、貝塚が単なるゴミすて場ではないと考えられるようになったのです。

### もっと知りたい！ 聖なる場所

愛知県田原市にある吉胡貝塚資料館は、「ゴミすて場のようにも見える貝塚ですが、決してそうではない」「この世での役割を終えたあらゆるものを集め、あの世に送り、ふたたびこの世にかえってくることを願った、神聖な場所でもあった」と説明している。それは、貝塚からていねいに埋葬された人骨やペットの骨などが見つかっているからだ。

吉胡貝塚で見つかった、つぼに入った人骨。
写真：田原市教育委員会

# 「学者にとってゴミすて場は宝の山」とは？

貝塚は、文字を持たなかった時代の社会を研究する上で、非常に重要だといわれています。貝塚で発見されたさまざまなものから、当時の人類の生活がわかるといわれているのです。

## ○環境考古学

奈良文化財研究所埋蔵文化財センター環境考古学研究室室長だった松井章先生（1952～2015年）は、「環境考古学」の第一人者です。

カナダへ発掘調査にいったときの松井章先生（2008年）。

「環境考古学」とは、人間がどういう環境のなかで、どのような生活をしていたのかを研究する学問です。たとえば、大昔の茶碗が発見された場合、「茶碗そのものよりも、その茶碗のなかになにが入っていたのかを調べる」というような研究だと、松井先生はいっています。

## ○貝塚から農耕の痕跡

松井先生は、「縄文人は狩りや漁労、野性植物の採取を生業にしていたといわれていますが、貝塚から植物の種子などが発見されていることから、農耕もはじめていたのではないかと推測できる」といっています。

人類が定住し、植物を食べつづけていれば、その種が落ち、トイレやゴミすて場などからも植物が生え、それがだんだんと生いしげっていきます。こうして、人類はどんどん農耕生活に入っていったのです。

また松井先生は、「鹿児島県知覧町の発掘では、江戸時代中期に薩摩藩が酸性の強いシラス台地を改良して畑にするため、動物の骨をくだいて肥料としてまいていた」ことがわかったといっています。「骨のおかげで土壌を改良することができた薩摩藩は、菜種の生産を飛躍的に増大させた」とも語っています。

このように、トイレのあとや貝塚などは、文献だけでは知り得ない貴重な発見があるところなのです。

鹿児島県のシラス台地に広がるさつまいも畑。現在も、シラス台地をいかした作物の栽培がおこなわれている。

現代の「ゴミ」と縄文時代の「ゴミ」。

# 3 そもそも「ゴミ」とはなにか？

「ゴミ」って、なんでしょう。**ゴミのイメージ**は、人によってことなります。「ゴミ」はこういうものだと、はっきり**定義**することはできるのでしょうか。

## 遠ざけておきたいもの

　定住するようになった人類は、生活のなかで出た「ゴミ」をどのようにあつかっていたのでしょうか。

　食べのこしたものは、やがてくさっていやなにおいを出すようになります。大昔の人類がそれらをゴミだと感じたかどうかはわかりません。でも、くさいものは遠ざけたいと思ったはずです。

　人類は、ものを食べるとうんこをします。うんこはくさい！　そばに置いておきたくありません。大昔のことですから、どこにでもうんこやおしっこをする場所はありました。しかし、そこらじゅうがくさくなったり、うんこをふんづけて気持ち悪くなったりしないように、トイレの場所を決めていたと考えられます。

　これはゴミすて場についても同じです。貝塚も、こうしてつくられたのだといわれています。

## 百科事典に書かれていること

「ゴミ」について、『ブリタニカ国際大百科事典』にはつぎのように書いてあります。

> 一般には生活に伴って発生する不要物をいう。人間にとってごみは、人間が文明を手にしたときからのつきあいであるが、あるものが、ごみであるかどうかは社会通念の違いで大きく変化する。たとえば現行の日本の「廃棄物の処理及び清掃に関する法律」では、廃棄物という言葉が使われているが、その定義は明確ではない。

百科事典にあるように、「ゴミ」は人間が活動すればかならず発生するもの。でも、その発生したものを「ゴミ」とするかどうかは、その時代、その社会で変化するわけです。いいかえれば、人によって「ゴミ」と考えるか、そうでないかが決まってきます（「相対的価値」→P14）。

## 国語辞典には

『広辞苑』という国語辞典には、「ゴミ」は、「物の役に立たず、ない方がよいもの」と書かれています。

人類にとってゴミをどのように処理するかということは、いつの時代でも、大きななやみでした。役に立たず、ないほうがよいものでも、実際に出てしまいます。

大量生産がおこなわれるようになると、ゴミも大量に発生してしまい、その処理の問題はどんどん大きくなってきました。

## ゴミがゴミでなくなる

ある時代まで「ゴミ」と見なされていたものが、時代がかわり、そのつかい道ができてくると、「前はすてられていたけれど、いまは役立っている」というようなこともよくあります。別の利用法や利用できる人が出てくることによって、ゴミはゴミでなくなるのです。

また、時代の変化ではなく、立場によってもゴミはゴミでなくなります。

江戸時代の日本では、うんこでも、それを肥料としてほしがる人がいました（→P15）。

ある人にとってくさくて遠ざけたいうんこを、価値あるものとする人がいるのです。

現代社会のリサイクルショップやフリーマーケットも、立場によってゴミはゴミでなくなることを示す例です。

リサイクルショップで売られる古着。すてれば「ゴミ」の古着も、ほかのだれかにとってはお気に入りの1着になるかもしれない。

### もっと知りたい！ 「くず」・「かす」

人に対して、「くず」だとか「かす」だとか悪口をいうことがある。それと同じように、「ゴミ」を人に対して侮辱することばとしてつかうことがある。

しかし、ある人にとっては評価できない人でも、別の見方をすれば評価できるかもしれないのは、実際のゴミと同じだ。だから、そのようなことばを人につかうべきではない。

# 4 「ゴミ」から「宝物」

ある人にとって不要となったものが、ほかの人にとっては役立つことがあります。このため、「ゴミの価値は人によってことなる」とか「ある人のゴミもほかの人には宝」などといわれています。

## 「相対的価値」とは？

だれにとっても価値があることを「絶対的価値」というのに対し、人によって価値がことなることを「相対的価値」とよんでいます。

「ある人のゴミもほかの人には宝」といわれることがあります。「ゴミ」とされるものに価値を見いだす人がいれば、「ゴミ」も「宝」になるのです。しかも、不要とされてすてられるものですから、値段にすれば、非常に安くなるわけです。

フリーマーケットや、リサイクルショップなどが、いまさかんにおこなわれているのは、このためです。

不要になったものを持ちより、必要とする人に売るフリーマーケット。公園などさまざまな場所でおこなわれている。

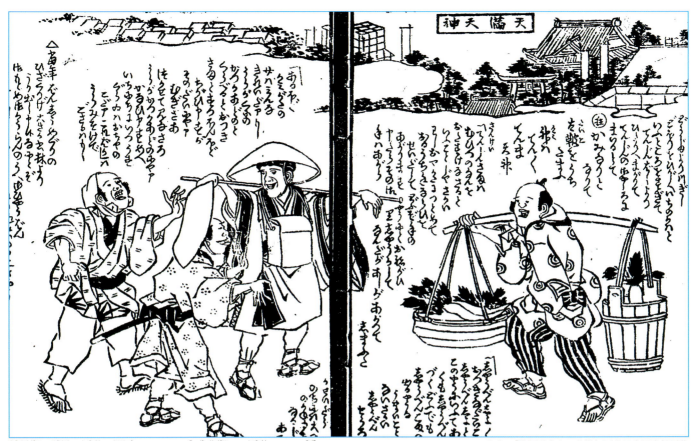

農作物と交換で小便を回収してまわる江戸時代の「小便くみ」(右)。

出典：『諸国道中金の草鞋』国立国会図書館所蔵

## うんこにも価値があった！

中国では、宋の時代（960〜1279年）から人の屎尿（うんこ・おしっこ）が肥料としてつかわれていました。その屎尿を肥料にする技術が、鎌倉時代の日本へ伝えられました。江戸時代になると、「うんこをまけば作物がよくとれる」ということで、江戸など大都市近くの農家は、まちでお金を払ったり、農作物と交換したりしてうんこを手に入れたのです。くさい・きたないうんこも、人によっては価値が見いだされていたのです。

現在の日本の法律（廃棄物処理法→P36）では一般廃棄物に分類される屎尿は、ゴミの相対的価値を語るよい例です。

### もっと知りたい！ 屎尿の値段

江戸では長屋で大人20人の店子が生活していたとすると、共同の外トイレの屎尿を売りはらって得られる収入は、1年間でおよそ1両から1両2分だったといわれている。トイレには、大便所とは別に小便おけが置かれた。そのおけに向かって女性もおしっこをしたという。なお、江戸の大工の1か月の収入が2両程度だったこととくらべると、屎尿の値段はまちまちだが、かなりよかったことになる。

江戸時代の長屋のトイレの復元。　写真：深川江戸資料館（東京都江東区）

# ⑤「ゴミ」をあらわす漢字

「ゴミ」をあらわす漢字には、「塵」「芥」があります。どちらもあまりつかわない漢字です。「塵」は「ちり」と読み、「芥」は「あくた」と読みます。また、「埃」もゴミの一種です。これらのことばについてくわしく見てみます。

## ▍「塵」という漢字

　この漢字は、部首が「土（つち）」、画数は14画。漢字のかたちは、土煙をあげて走るたくさんの鹿をあらわしています。
　訓読みが「ちり」で、音読みは「ジン」です。意味は、「ゴミ」「価値のないじゃまなもの」「細かいくず、埃」です。

## ▍「芥」という漢字

　この漢字は、部首が「艹（くさかんむり）」、画数は7画。
　訓読みが「あくた」、音読みは「カイ」で、意味は「ゴミ」「細かいもの」*です。

＊ ほかに、「からし」という訓読みと「ケ」という音読みがある。意味は、野草のからし菜やからし菜を粉末にした香辛料のこと。

風でまいあがる土煙。「土煙」とは、土や砂が立ちのぼり、煙のようになったものをいう。

消しゴムから出た細かなゴミは、「消しかす」「消しくず」などということが多い。

### もっと知りたい！「坱」という漢字

「ゴミ」をあらわす漢字として、「坱」があるが、めったにつかわれない。訓読みは「ごみ」、音読みはない。

PART 1　ゴミの基礎知識

## ■「埃」という漢字

　この漢字は、部首が「土（つち）」、画数は10画。訓読みが「ほこり」「ちり」で、音読みは「アイ」です。意味は、「空中にただようくらい小さなゴミ」です。埃には、糸くず、毛髪、ダニやダニの糞などいろいろなものがふくまれています。ゆかや部屋のすみに集まっている状態のものも「埃」とよんでいます。

## ■「ゴミ」「塵」「埃」の大きさ

　左ページで見たように、「塵」という漢字には、「ゴミ」という意味があります。
　ゴミ箱は「ちり箱」ともいいます。ちりとりでとったゴミをゴミ箱にすてます。
　埃もゴミの一種です。でも、その大きさは、塵よりずっと小さいのです。

埃を食べて生きるダニ。糞や死がいは埃の一部となる。

細かな糸くずや紙くず、砂などがまざった埃。

塵 ＞ 埃

ゴミの入った「ゴミ箱」。「ちり箱」ともいう。

### もっと知りたい！　数の単位

　数の単位として一、十、百、千、万、億、兆は、だれでも知っているけれど、それより大きな単位の京、垓となると？　反対に小さい単位としては、せいぜい分、厘、毛までで、それより小さい単位に、糸、忽、微、繊、沙、塵、埃があって、「塵」と「埃」があることは知られていない。どちらも極小の単位だが、塵＞埃ということだ。

17

稲が植えられた水田。よく見ると、木の葉などの「ゴミ」が落ちている。

# ⑥「ゴミ」の語源

「ゴミとはなにか」ということについて、つぎは**「ゴミ」ということば**から考えてみます。日本語の「ゴミ」という**ことばの語源**は、正確にはわかっていません。でも、鎌倉時代にはすでにつかわれていたのではないかと考えられています。

## ■平家物語の一節

鎌倉時代前期に書かれた平家物語には、「うしろは水田のごみ深かりける畔の上に」という一節があります。そこに出てくる「ゴミ」は、水田にたまるもので、おそらく土や木の葉ではなかったかと考えられています。

現在でも長野県などでは、木の葉のことを「ゴ」とよんでいます。そのことから想像すると、もともと水田やみぞにたまる木の葉を「ゴ」とよび、それが「ゴミ」となり、しだいに「塵」や「埃」を意味するようになり、時代が変化するにつれて、「いらなくなったもの」という意味がくわわったといわれています。

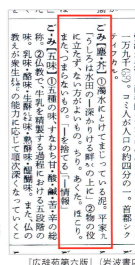

辞書の「ゴミ」の項目。平家物語の一節が紹介されている。

『広辞苑第六版』（岩波書店）

# 自動車の排気ガス

鹿の群れ（→P16）は、現代では排気ガスを出して走る自動車にたとえることができます。さらに工場から出る煙にたとえることもできます。

## ○中国で見る現代の塵

「塵」という漢字は、中国語では「麤」というように非常に複雑な漢字を書くことがあります\*。この複雑な漢字には、「鹿」が3つ書かれています。まさに土煙をあげて走る鹿の群れということです（→P16）。

\* 現代の中国では、反対に非常に簡略化した漢字の「尘」が使用されている。

排気ガスを出して走る自動車。

工場から立ちのぼる煙。

写真：ロイター／アフロ

現代社会で大きな問題となっている放射性廃棄物。写真は2009年、フランスの原子力発電所の運転停止をうったえたデモの際に展示されたもの。

# 7 現代社会では？

ゴミを「遠ざけておきたいもの」(→P12) と定義した場合、現代社会で、「遠ざけておきたいもの」の例として非常にわかりやすいのが、**放射性廃棄物**です。

## 放射性廃棄物

「放射性廃棄物」とは、使用ずみの放射性物質および放射性物質で汚染されたものをさすことばです。これは、原子力発電所をはじめ、病院や工場などからも出るもので、不要となりすてるものです。放射性廃棄物は、うんこやゴミのようにくさいものではありませんが、人間のからだに有害です。当然、有害なものは遠ざけておかなければなりません。

### 原子力発電所から出る放射性廃棄物

原子力発電所から出される放射性廃棄物としては、使用ずみ核燃料や作業員が着用した衣服などがある。除染に使用した水も放射性廃棄物となる。

使用ずみ核燃料は、再処理工場で別の燃料などにつくりかえられるが、そこでも放射性廃棄物が出る。ウラン燃料をつくる施設から出る、ウランで汚染された廃棄物は「ウラン廃棄物」とよばれる。なお、放射性廃棄物は、高レベル放射性廃棄物と低レベル放射性廃棄物にわけられる。

## まだまだある現代のやっかいもの

　うんこやゴミの悪臭なら、ある程度遠くにはなしておけばにおいません。川に流せば、流れていってくれます。しかし、放射性廃棄物は、そうはいきません。放射性廃棄物をどこへ持っていくかは、現代の人類にとってしだいに深刻な問題になってきています。放射性廃棄物は、現代のやっかいものというわけです。

　現代のやっかいなゴミといえば、ほかにもあります。たとえば、近年人類をなやましつづけているのが、温室効果ガス。それを「ゴミ」とよぶかどうかは別として、人類にとって不要となった、やっかいものであるのはたしかです。

　二酸化炭素（$CO_2$）やメタンなどの温室効果ガスは、上空にどんどんのぼっていきます。人類からどんどん遠ざかっていってくれます。しかし、地球のまわりにたまり、地球を取りまいて、地球表面の平均気温を長期的に上昇させています。これを地球温暖化といいます。

　アメリカなど先進国では、技術の発達などにより、$CO_2$排出量は減る傾向にあります。一方、中国やインドなどの新興国では、$CO_2$排出量は上昇傾向にあります。温室効果ガスの排出は、地球規模で取り組まなければならない、じつにやっかいな問題になっています。

工場などでの生産活動により、大量の$CO_2$が排出されている。

# PART 2　世界と日本のゴミの歴史

# 1 ゴミは川への時代

中世になると、ヨーロッパではゴミ問題がどんどん深刻になります。「中世」とは、ヨーロッパでは5世紀の西ローマ帝国滅亡から14〜16世紀のルネサンス・宗教改革までのことです。23ページに記す日本の時代区分とはことなります。

## 中世のヨーロッパの都市のゴミ

中世のヨーロッパの都市には、外敵の侵略に備えた城壁がありました。これは、市民を守るために重要な役割を果たしていましたが、じつは、城壁があることで、やっかいな問題もいろいろありました。

城壁のなかの人口がどんどん増え、のみ水の確保が重大な問題となり、トイレやゴミ処理の問題が深刻になっていったのです。そのため、それまでみぞや川にたれながしていたうんこやおしっこ、ゴミ、動物の死がいなどを川へすてることが禁じられました。

中世の都市で出る家庭ゴミの量は、現代の家庭ゴミの量とくらべれば、はるかに少なかったのですが、反面、家畜の飼育がまちなかでもさかんにおこなわれていたため、そこからゴミが大量に発生していました。家畜にかぎらず人のうんこやおしっこも、ゴミも、まちのみぞや川にすてられていました。肉屋が肉くずを、魚屋はくさった魚をすて、あらゆるものが川にすてられました。これらのうち少しは川が海へ運んでくれますが、ほとんどが川をせき止め、悪臭を放っていたのです。イギリスのロンドンでは、テムズ川へつうじる川がゴミで完全にふさがれていたといいます。

こうしたなか、中世のヨーロッパでは、ペストやコレラといった伝染病（感染症）が何度も流行し、多くの市民が死亡しました。

出典：『パンチ』素描集（岩波文庫）

テムズ川から悪臭が立ちこめ、周辺地域に被害をおよぼしたことに対する風刺画。イギリスの風刺漫画雑誌『パンチ誌』（1858年7月10日号）掲載。テムズ川の汚染は、中世以降も大きな問題だった。

### もっと知りたい！　ヨーロッパで香料が発達したわけ

中世ヨーロッパは、まちや川にすてられたうんこやおしっこから出る悪臭から、「中世ヨーロッパのにおいは糞便のにおい」とまでいわれたという。ヨーロッパで香料が発達した理由の1つには、うんこやおしっこのにおいを消すことがあったといわれている。

# 日本の中世のゴミ

　日本の中世は一般に、封建制の時期を前期と後期にわけ、後期を「近世」とよび、前期のみを「中世」とよんで、鎌倉・室町時代をこれにあてるとされています（『大辞林』より）。

　稲作が縄文時代の末期から弥生時代にかけて渡来人＊によって中国大陸から朝鮮半島を経て日本へ伝えられました。

　当初は、焼畑がおこなわれていましたが、人口が増加するにつれて、より多くの米をつくらなければならなくなりました。そうしたなか、生ゴミなどは川にすてられていましたが、牛や馬などの糞が肥料としてつかわれるようになりました（その技術も中国から伝わってきた）。

　鎌倉時代になると、米と麦の二毛作がはじまり、そのころには人のうんこやおしっこも肥料（下肥）として用いられるようになっていきました。そして、鎌倉・室町時代、すなわち中世には、都市の屎尿が農村の肥料として用いられ（→P15）、農村からの作物が都市で消費されるというつながりができていきました。ついで江戸時代になると、そうした状況はいっそう発展。都市と農村が「循環型社会（→3巻）」をつくっていきます。これは、都市と農村が独立していたヨーロッパと大きくことなる点でした。

＊外国から渡来した人のことだが、とくに古代の4〜7世紀ごろに中国・朝鮮半島から移住してきた人びとをさす。

室町時代後期のようすを描いたとされる『洛中洛外図屏風』（部分）。下肥を畑にまいている男のようすが見られる。

出典：『洛中洛外図屏風（歴博甲本）』国立歴史民俗博物館所蔵

# 2 江戸時代のゴミ処理

江戸では、人の屎尿（うんこ・おしっこ）も生活から発生するあらゆる廃棄物も積極的に再利用していましたが、生ゴミなどは、川にすてられていました。そのために江戸のまちの水上交通がさまたげられていました。

## 江戸のゴミ処理

当時の江戸は世界的に見て、イギリスのロンドンやフランスのパリにもまさる、世界最大の人口をほこる大都市となっていました。江戸の人口は、約100～125万人と推定されています（当時のロンドンの人口は80万人強、パリの人口は約70万人）。

近年古紙のリサイクルがさかんにおこなわれていますが、日本では江戸時代にすでに古紙や古着などの再利用がすすんでいました。この点では、当時の江戸は、世界でもっともすすんだ「循環型社会」となっています。

ところが、生ゴミは、当時の技術では再利用ができませんでした。そのため、家の近くの空き地や堀、川などにすてていたのです。すてられたゴミは、水路でむすばれていた江戸のまちの水上交通の障害になってしまいました。結果、幕府は投棄を禁止し、1655年には永代浦（現在の江東区富岡八幡宮あたり）をゴミすて場と定め、そこにゴミをうめ立てていました。

それまで手近なところですてていたゴミを遠くまですてにいかなければならなくなり、ゴミの収集・運搬という仕事ができました。ゴミは、共同のゴミすて場から、船に積んで運ばれました。これが、日本のゴミの収集・運搬の原型となったと考えられています。

国立国会図書館所蔵

江戸時代の浮世絵師、歌川広重がえがいた『名所江戸百景　高輪うしまち』（部分）。海のそばに生ゴミがすてられている。場所は現在の東京都港区とされる。

PART 2　世界と日本のゴミの歴史

# 世界一きれいなまち・江戸?!

　江戸のまちは、紙くず1つ落ちていないきれいなまち！当時では、世界一きれいなまちだったといえるかもしれません。

　当時、ゴミは「くず」とよばれ、くずをひろう人は「くずひろい」とよばれました。

　集められたくずは、「くず寄せ場」といわれるところで分別され、それぞれの専門業者がお金を払って引きとっていくしくみもつくられていました。そのおかげで、江戸のまちは、ゴミの落ちていないきれいなまちだったのです。

　なお、集められた紙くずから、再生紙がつくられました。浅草には、再生紙をつくる「紙漉町」があり、「浅草紙」がつくられました。これは、浅草の浅草寺近くの農家が副業としてはじめたものですが、のちに江戸の名産品となりました。

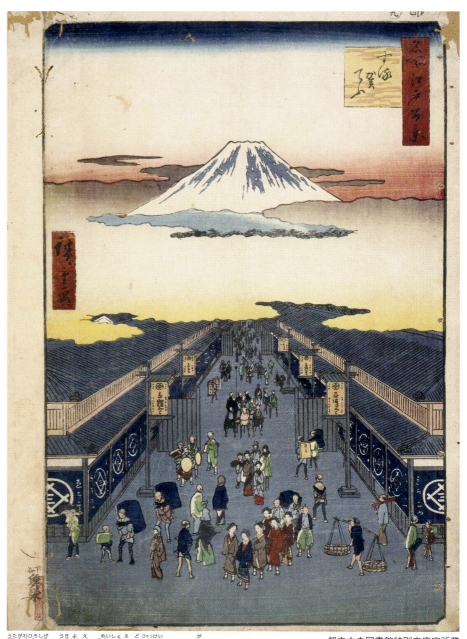

歌川広重の浮世絵『名所江戸百景　する賀てふ』。ゴミ1つない整然とした江戸のまちなみが描かれている。

都立中央図書館特別文庫室所蔵

東京都台東区の浅草近くには、現在も「紙洗橋」という名の橋がのこる（写真は交差点の標識）。

浅草紙は価格が安く、庶民に親しまれていた。

紙の問屋として浅草紙を売りさばいていたという「横山家住宅」。東京都足立区で現在も保存されている。

写真：ユニフォトプレス

19世紀のイギリスの紡績工場。工業化により、機械を用いて同じ製品を大量生産することができるようになった。

# ③ 産業革命とゴミ

18世紀半ばごろ「産業革命」がイギリスからはじまりました。動力機械の発明により生産技術が急速に進歩し、手作業だった工場が機械による大工場へ発展。その結果、社会・経済のあらゆる面で変革が起こりました。

## ■人口の急増がもたらしたもの

産業革命による工業化は、労働力として多数の賃金労働者を必要としました。そのため、農村から都市に人びとがなだれこみ、都市の人口が急増。そうした都市では、住宅、道路、学校などが人口急増に追いつきませんでした。煙でまちがおおわれ、汚物があふれかえり、衛生状態が極端に悪化していきました（→P28）。

## ■新しいゴミ

ゴミ問題が、文明発生直後から人類をなやませてきたのは、くりかえすまでもありません。ところが、産業革命が起こって社会が工業化していくと、それまでとはことなるさまざまなゴミが発生し、ゴミ問題がより深刻な社会問題となっていきました。

20世紀に入ると、石炭や石油などの天然資源を採取することにはじまり、「生産→流通→消費→廃棄」という社会の流れができました。それが、しだいに大量生産、大量消費、大量廃棄となっていったのです。その結果、人類は急速な経済成長を成しとげることができました。

しかしその一方で、あらゆる廃棄物が増大し、うめ立て処分場がなくなるなどの問題が出てきました。工業地帯の周辺では、煤煙とよばれる埃（→P19）が大量に発生。工場から出る廃棄物により、川や海の水がよごれていきました。これらも深刻なゴミ問題です。

PART 2　世界と日本のゴミの歴史

# 新しいゴミ問題

霧の都とよばれるイギリス・ロンドンでは、産業革命以降、石炭を燃やしたあとの煙（スモーク）が霧（フォッグ）とまざりあい、「スモッグ」とよばれる新たな現象を起こしました。

スモッグは、健康に害をおよぼすため、しだいに問題になっていきました。

スモッグも埃や塵（→P17）のようにゴミの一種と考えられます。人類は、新たなゴミ問題をかかえることになりました。

「ロンドンスモッグ」に襲われた、1952年12月8日のロンドンの市場。

> **もっと知りたい！**
>
> ### ロンドンスモッグ
>
> 1952年12月5日から12月10日のあいだ、ロンドンを寒波が襲った。このため、家庭などでどんどん石炭を燃やして暖をとった結果、大量の煙が発生。また、当時ますます多くなってきたディーゼル車などから亜硫酸ガス（二酸化硫黄）などが発生した。それらの大気汚染物質に、上空の冷たい大気がふたをするような状況になり、非常に濃いスモッグをつくりだした。これが、1952年のロンドンスモッグである。このとき、とくにロンドン東部の工業地帯・港湾地帯では、自分の足元も見えないほどだったといわれている。気管支炎などの呼吸器系の病気になる人が激増。多くの命がうばわれたという。

写真：TopFoto/アフロ

# ゴミと病気、その対策

ヨーロッパでは都市人口が増加すると、ゴミや屎尿（うんこ・おしっこ）がみぞや川にすてられ、衛生状態がどんどん悪化。ペストなどの感染症が流行。一方、スモッグ（→P27）による病気も増大しました。

## ○パンデミック

「パンデミック」とは、感染症の世界的大流行のことです。感染症の原因について、科学的にわかっていない時代には、空気感染説や接触感染説などさまざまな憶測がとびかっていました。古くは、魔女によるものといった迷信までも……。

産業革命により、人口がさらに都市に集中すると、ヨーロッパ各地でコレラやチフスなどの感染症のパンデミックが発生。1848年には、ロンドンでコレラのパンデミックが起こりました。1880年初頭にはパリでチフスが大流行。1882年にはチフスによる死者は3000人以上に達したといわれています。

## ○パンデミックをきっかけに

人類の歴史は、感染症との闘いの歴史でもありました。ときに感染症が人類をほろぼすかのように猛威をふるい、ときに人類が感染症を追いこんでいきました。

産業革命後も、人類は感染症の脅威にさいなまれてきましたが、それでも、感染症に対抗するための方策を取りはじめてきました。

その1つが下水道の整備でした。ゴミや屎尿で不衛生極まりない状態だったものを、下水道を整備することで、ゴミや屎尿がまちに滞留することをふせごうとしたのです。

ヨーロッパ、アメリカ、そして日本でも、感染症のパンデミックが起こったあとには、下水道の整備がおこなわれました。

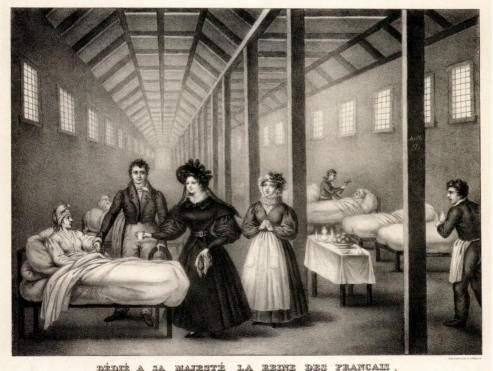

写真：Mary Evans Picture Library／アフロ

1832年に描かれた、コレラ患者のための仮設病院のようす（フランス・パリ）。

現在のロンドン市街。法律の整備などによりゴミ問題や大気汚染問題はじょじょに解消され、テムズ川の汚染（→P22）も改善されていった。

## ○スモッグの発生の結果

27ページで見たようにスモッグは、新たな深刻な問題を引きおこしましたが、反面、その後のイギリス社会にとって、ひいては世界にとって、よい結果ももたらしました。

イギリスでは大量の煙やすすを出す燃料の使用を規制し、工場などが煙やすすを出すことを禁じる新しい基準がつくられました。1954年には「ロンドン市法」が、1956年には「大気浄化法」ができたのです。

そうして、石炭から天然ガスへの転換がすすめられ、スモッグをはじめとする大気汚染問題が、じょじょに解消されはじめました。

なお、そのきっかけになったのが、ロンドンスモッグ（→P27）だったといわれています。

# 4 明治維新とゴミ問題

明治時代に入っても、ゴミ処理の状況は江戸時代のままでした。ところが、たびたび**感染症**が流行するようになり、1900（明治33）年、ようやく「**汚物掃除法**」がつくられました。

## 汚物掃除法ができるまで

明治時代になってしばらくは、ゴミの処理方法は江戸時代とかわりませんでした。しかし、ヨーロッパやアメリカからあらゆる新しい文化が入ってくると、ゴミやトイレに関係するものも、じょじょにかわっていきました。日本に根づいていた「もったいない精神」も、変化しはじめます。有効に再使用や再利用されていたものが、ゴミとしてすてられるようになりました。廃棄物は、量・質ともに増加していきました。その結果、日本でも本格的な廃棄物の処分場などがつくられるようになりました。

一方、外国との交流がさかんになると、海外から**コレラ**、**ペスト**などの感染症が持ちこまれるようになりました。1899（明治32）年には、**ペスト**が流行。結果、屎尿の処理が公衆衛生上の問題になりました。

こうして1900（明治33）年につくられたのが「汚物掃除法」でした。これを受けて、東京中心部のゴミは、市当局が直接収集するようになりました*。1911（明治44）年に東京から排出されるゴミの量は、1日800トン程度、ひとりあたり290g程度（人口は275万人程度）となったといわれています。

1900年に制定された汚物掃除法の原本。　国立公文書館所蔵

### もっと知りたい！　汚物掃除法の施行

汚物掃除法は、1900（明治33）年4月1日に施行された日本最初の廃棄物に関する法律。1930（昭和5）年に改正。この法律により、ゴミ収集が行政の管理下に置かれ、清掃行政のかたちがつくられることになった。しかし、ゴミ処理の要となる焼却場の整備はすすまず、野焼きや養豚場による残飯処理といった方法がその後も長く続いた。1954（昭和29）年7月1日、清掃法が施行されたことにより廃止。

\* 当時、現在の東京23区の一部にあたる地域は東京市だった。

PART 2　世界と日本のゴミの歴史

## 日本でも大都市に人口集中

　かつて日本では、屎尿を農作物の肥料として用いていたおかげで、ヨーロッパのまちのように、まちじゅうがうんこだらけで悪臭を放つようなことはあまりありませんでした（→P23）。しかし明治時代に入ると、東京をはじめとする大都市で屎尿処理の問題が起きはじめます。東京、大阪などの大都市では、大雨のあと、よごれた水が低地にたまり、衛生状態が悪化。それが原因で感染症がはやるようになりました。すると、日本でもヨーロッパと同じように（→P28）、下水道をつくって感染症をふせごうと計画されました。結果、1884（明治17）年、日本ではじめての近代的な下水道が東京につくられたのです。

日本初の近代的下水道といわれる神田下水。現在の東京都千代田区にあり、一部はいまもつかわれている。

1953年の東京都のゴミ収集のようす。人力の荷車で、清掃員がゴミを集めている。

写真：東京都

# ⑤ 戦後の日本のゴミ

太平洋戦争中は、明治時代からおこなわれてきた行政（自治体）によるゴミ処理はおこなえない状況でした。しかし戦後になると、日本を占領してきたアメリカ軍が、ゴミ処理の再開を要請しました。

## 当初は戦災のゴミ処理

ゴミ処理といっても、戦後すぐは生ゴミなどの家庭から出る生活ゴミはありませんでした。大都市では、空襲で燃えた建物などあらゆるものがゴミとして処理されなければならない状況でした。がれきのなかには死体もありましたが、もちろん人間の死体をかんたんに処理するわけにはいきません……。

行政（自治体）は、戦後のあとかたづけをすみやかに適切にしなければなりませんでした。こうしたゴミ処理は、自治体の責任でおこなわれはじめました。

しかし、東京、大阪などの大都市だけでなく、全国の自治体で、あまりに大量のがれきに対応しきれない状況になっていました。結果、1954（昭和29）年になってようやく、「清掃法」がつくられたのです。

### 「清掃法」

「清掃法」の制定は、清掃事業の実施主体を市町村に置き、特別清掃区域を設けて処理区域を明確にすることにより、処理体系を充実しようというのが目的。

それまでの「汚物掃除法」の流れをくんで、ゴミや屎尿を「汚物」とし、衛生的で快適な生活環境を保持するために、公衆衛生的な見地から汚物を処理しようとした。

PART 2　世界と日本のゴミの歴史

# 日本の産業革命とそれ以後の日本社会

　日本の産業革命はいつ起こったのでしょう。その時期は、一般に19世紀末から20世紀のはじめにかけての日清戦争・日露戦争のころだといわれています。しかし、日本はその後、太平洋戦争により、経済が落ちこんでしまいました。ところが戦後の復興はめざましく、またたくまに高度経済成長の時代に入ります。

　1960年代になると、大量生産、大量消費、大量廃棄によるゴミ問題があきらかになってきました。工場から排出されるさまざまな有害物質による環境汚染が深刻化していきます。水俣病・イタイイタイ病・四日市ぜんそくなど、廃棄物（工場排水、煙突からの排煙）が原因となった公害病が多発してしまいました。

　そうしたなか、ゴミ焼却場自体も、公害発生源として問題とされました。

　この時期の反省から、日本では廃棄物の排出に対する規制がおこなわれるようになり、右上のような基本方針が立てられました。

- 毒性のない気体・液体はそのまま環境中に放出する。
- 毒性のある気体（粉塵をふくむ）・液体は、生物に悪影響があらわれない程度に希釈して（うすめて）排出する。
- 固体廃棄物のうち可能なものは焼却した上でうめ立て処理をおこなう。

**もっと知りたい！**

### 1970年の「公害国会」

　1970（昭和45）年11月からおこなわれた国会は、公害のことが大きく取りあげられたので、「公害国会」とよばれた。この国会で、清掃法を全面改正して、「廃棄物の処理及び清掃に関する法律（廃棄物処理法）」が成立。この法律により、清掃法で「汚物」とよばれていたものが「廃棄物」という名称になった。廃棄物は産業廃棄物と一般廃棄物に区分され、それぞれの処理体系が整備された。

四日市ぜんそくが発生した三重県四日市市で、コンビナートから大量に排出される煙。

33

# ゴミ問題年表

ここで、日本の明治から昭和までのゴミ問題について、年表にまとめてみましょう。

| | |
|---|---|
| 1868年ごろ | さまざまな産業が発展し、家庭や企業から出るゴミの量がどんどん増加。それでも一般家庭や商店などから出るゴミの量は、それほど多くはなかった。<br>・燃えるゴミは、銭湯や家庭のふろなどの燃料とされていた。<br>・庭のある家庭では穴をほってうめるなどの自家処理がおこなわれていた。<br>・江戸時代には小規模におこなわれていた「有価物回収業」が大規模になってきた。 |
| 1878年ごろ | 感染症予防や生活環境整備のためだとして、明治政府が積極的にゴミ処理をすすめるようになる。<br>・ゴミ処理は「うめ立て」から「焼却」へ。 |
| 1887年 | 明治政府は、共用のゴミ容器を備えることを義務化し、空き地などへゴミを投棄することを禁じた。 |
| 1897年 | 日本で最初のゴミ焼却炉が福井県にできた。 |
| 1901年 | 明治政府は、ゴミを露天焼却したあと、うめ立てる方針を決定。 |
| 1920年代 | 燃えるゴミは銭湯や家庭のふろの燃料として利用。生ゴミは肥料や養豚場などの飼料として利用。<br>1929（昭和4）年、東京に深川塵芥焼却場が建設される。 |
| 1940年代 | 第二次世界大戦中は、全国的に物資不足となり、ゴミは極端に減った。 |

1929年に東京につくられた深川塵芥焼却場（奥）と、ゴミを運搬する船。

写真：東京都環境局

## 1950年代

家電製品が増加し、ゴミの質に大きな変化があらわれた。また、戦後の経済発展や都市への人口集中にともない、都市のゴミが急増した。

- 家庭ゴミとして、紙や金属類、ガラスビン、プラスチックなどが出るようになった。

急増するゴミに対処するため、1957年にゴミのうめ立てがはじまった、東京都江東区の「夢の島」。

写真：東京都

## 1960年代

大量消費、大量廃棄によるゴミ問題が顕在化。

- 発泡ポリスチレン（プラスチックの一種）が、即席めんのカップ、スーパーマーケットのトレイ、家の断熱材などに大量使用されはじめた。以降、プラスチック製品の消費量は増加していく。
- 工場から排出されるさまざまな有害物質による環境汚染が深刻化。ゴミ焼却場が、公害発生源として問題とされた。

近年、ゴミとして急増している食品トレイ。

## 1980年代

バブル景気による消費の増大や生産活動の拡大により、質・量の両面で廃棄物問題が拡大。

- 大型化した家電製品の登場、さまざまな種類の包装容器の登場などにより、廃棄物の種類がより多様になった。
- 飲みものの容器として、ペットボトルの使用が開始される。以降、ペットボトルはどんどん普及していく。

1988年、東京都江東区のゴミ処分場に持ちこまれた大量のゴミ。

写真：東京都

# ⑥ ゴミ＝廃棄物？

廃棄物は、ゴミのほか、燃えがら、屎尿（うんこ・おしっこ）、廃油、動物の死体、その他の汚物など、**不要になった固形状・液状のもの**をさします。「放射性物質およびこれによって汚染されたものを除く」とされています。

## 日本の法律では？

上に書いてあるのは、日本で「廃棄物処理法」といわれる法律によって定められた廃棄物の定義です。よりくわしく記すと「ゴミ、粗大ゴミ、燃えがら、汚泥、糞尿、廃油、廃酸、廃アルカリ、動物の死体その他の汚物または不要物であって、固形状又は液状のものをいう」となります。

廃棄物処理法では、工場などで事業活動にともなって出される（排出される）廃棄物のなかから、具体的に示して「産業廃棄物」と定め、それ以外の廃棄物を「一般廃棄物」としています。

下の表からわかるとおり、一般廃棄物は、日常生活にともなって生じたゴミや屎尿（うんこ・おしっこ）などのことで、ゴミは、廃棄物の1つのかたちだということです。

> ゴミ ＜ 廃棄物

●廃棄物の分類

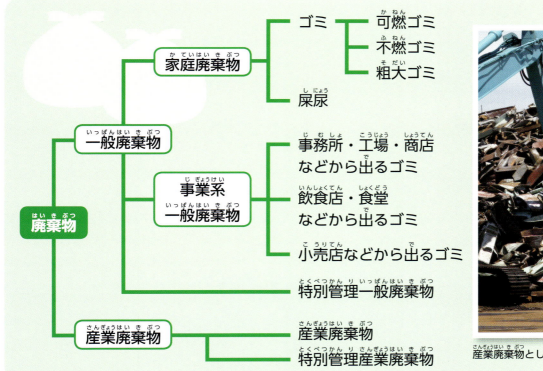

産業廃棄物として処理される鉄のくず。

福島第一原子力発電所近くに積まれた放射性廃棄物（2013年3月）。　　　　　　　　　写真：AP/アフロ

## 放射性廃棄物は？

　日本では、廃棄物は「放射性物質およびこれによって汚染されたものを除く」とされていますが、放射性物質も、温室効果ガスなどの気体状のものも廃棄物としてあつかわれていません。その理由は、それらが廃棄物処理法ではなく、別の法律があつかうものだからです。
　放射性物質およびこれによって汚染されたものについては、「原子力基本法」という法律の対象とされ、温室効果ガスについては「地球温暖化対策の推進に関する法律」の対象となっています。

## 辞書に書かれた「廃棄物」

　廃棄物について、『大辞林』という辞書に「不用なものとして廃棄された物。事業活動により生じたものを産業廃棄物といい、それ以外のものを一般廃棄物という。他に放射性廃棄物などがある」と記されています。また「すてる予定のもの」「利用価値のないもの」「きたなくて駄目になってしまったもの」と書いてある辞書もあります。このように、辞書によると、ゴミと廃棄物とは、ほぼ同じだといってもよいはずです。

　　　　ゴミ ＝ 廃棄物

『大辞林第三版』（三省堂）

# もっとくわしく！「ゴミ」をあらわす外国語

ゴミは、人間が生活しているところではかならず出るものです。世界各国の「ゴミ」をあらわすことばを見てみましょう。

## ○英語のゴミ

英語のゴミをあらわす単語には、trash（ゴミくず・がらくた）、garbage（ゴミ・くず）、rubbish（ゴミ・くず）、litter（ちらかったもの・紙くず・がらくた）、waste（廃物・くず）、dirt（埃・ゴミ）、dust（埃・塵）、refuse*（台所などのくず・ゴミ）などがあります。

wasteは廃棄物という意味でつかわれることが多く、有害廃棄物ならば、toxic wasteになります。

refuseは、すてるものという感じが強く、生ゴミ（kitchen refuse）、ゴミ袋（refuse bag）などとつかわれます。

dustは、非常に細かいゴミ（日本語の埃）のことです。

＊ 5Rの1つで、「拒否する」という意味のrefuseとは別の単語。アクセントもことなり、refuse（ゴミ）が前で、refuse（拒否する）がうしろにある（太字部分）。

●trash  trash /træʃ トラッシュ/ 名U ❶《米》ごみくず, がらくた (rubbish). ❷くだらないもの, くだらない考え [話].

●refuse  ref·use² /réfju:s レフュース/《★発音注意》名U《文語》（台所などの）くず, ごみ.

※ 辞書により、英単語の発音のカタカナ表記はことなる。

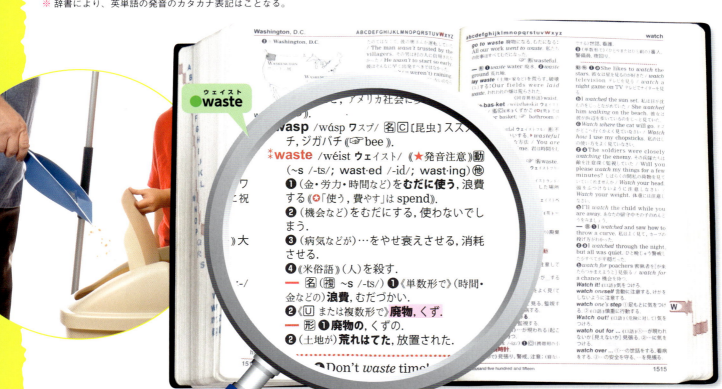

廣瀬和清・伊部哲編『ニュースクール英和辞典 第2版』（研究社）

## ○いろいろな外国語のゴミ

ただ「ゴミ」ということばを外国語の辞書で引くと、つぎのようなことばが出てきます。

| 韓国語 | スレギ<br>쓰레기 | ドイツ語 | ムル<br>müll |
|---|---|---|---|
| 中国語 | ラージー<br>垃圾 | フランス語 | オ(ル)デュー(ル)<br>ordures |
| イタリア語 | インモンディーツィア<br>immondizia | ポルトガル語 | リッショ<br>lixo |
| スペイン語 | バスラ<br>basura | ロシア語 | ムーサル<br>мycop |

もちろん、ゴミをあらわすことばは、それぞれの外国語でいろいろあるのはいうまでもありません。

スペイン / basura

韓国

韓国語で「ゴミ」は쓰레기。写真のゴミ箱には、「一般ゴミ」という意味の일반쓰레기と書かれている。

ドイツ / RESTMÜLL residual waste

ドイツ語で「ゴミ」はmüll（大文字はMÜLL）。写真のゴミ箱には、「その他のゴミ」という意味のRESTMÜLLと書かれている。

イタリア / immondizia

フランス / ordures

# 写真で見る世界のゴミの分別

PART2の最後は、世界の国ぐにのゴミの分別のようすを、分別のためのゴミ箱の写真で見てみましょう。

中国

赤で統一されたシンプルなデザインのゴミ箱。リサイクルできるゴミ（右）と、できないゴミ（左）に分別されている。

タイ

緑色が生ゴミ、黄色がリサイクルできるゴミ、青色がリサイクルできないゴミ、赤色が有害廃棄物。

イタリア

駅にあるゴミ箱。青色がアルミカン、白色が紙ゴミ、緑色がその他のゴミ、黄色がプラスチック。

スウェーデン

白色が透明なガラス、緑色が色つきのガラス、赤色がプラスチック、青色が紙ゴミ、黒色がその他のゴミ。

エジプト

カラフルなつぼ型のゴミ箱。赤色がプラスチック、黄色がカン、緑色が燃えるゴミ、青色が紙ゴミ。

ナミビア

砂漠に設置されているゴミ箱。緑色がガラス、青色が金属、オレンジ色がその他のゴミ。

資料編

ここからは、PART1、PART2の内容をより深く理解するのに役立つ資料を紹介します。

## 二酸化炭素の排出量の多い国（2012年）

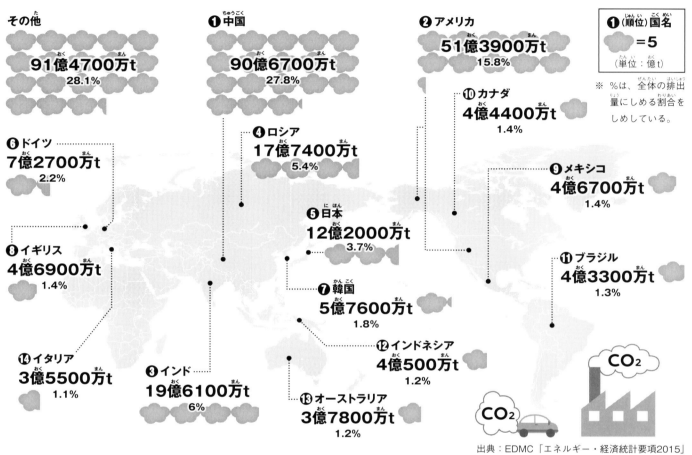

出典：EDMC「エネルギー・経済統計要項2015」

## 各国における二酸化炭素排出量の推移

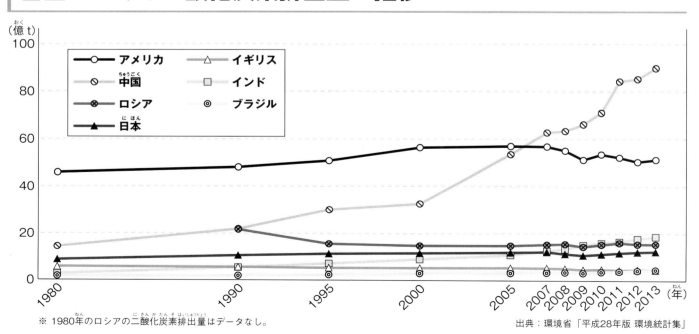

※ 1980年のロシアの二酸化炭素排出量はデータなし。

出典：環境省「平成28年版 環境統計集」

## プラスチック製品の消費量推移（国内）

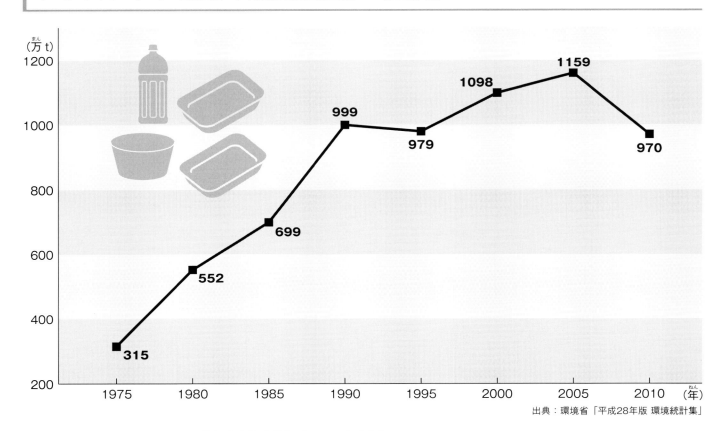

出典：環境省「平成28年版 環境統計集」

## ペットボトルの生産量推移（国内）

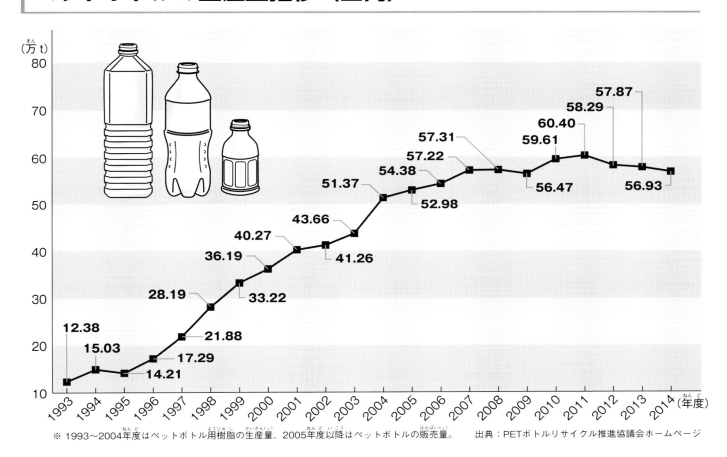

※ 1993～2004年度はペットボトル用樹脂の生産量、2005年度以降はペットボトルの販売量。　　出典：PETボトルリサイクル推進協議会ホームページ

## 産業廃棄物の排出量の推移（国内）

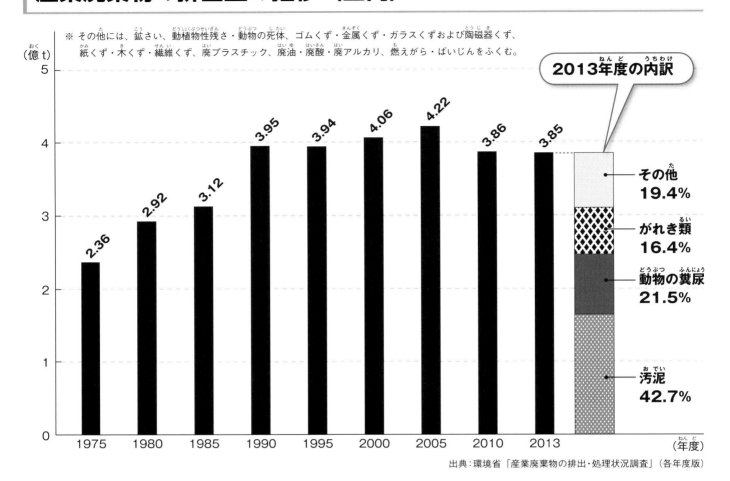

出典：環境省「産業廃棄物の排出・処理状況調査」（各年度版）

## 一般廃棄物の総排出量の推移（国内）

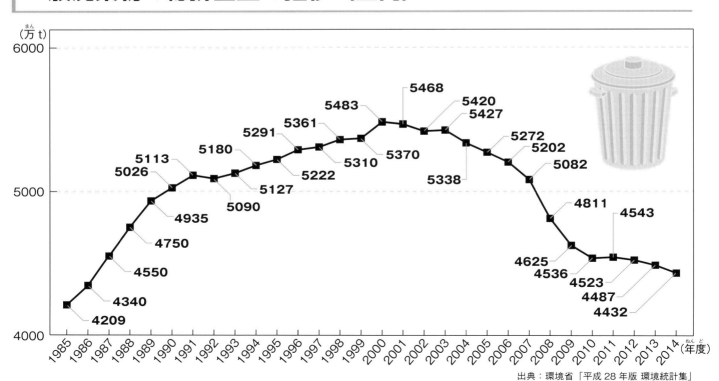

出典：環境省「平成28年版 環境統計集」

# 用語解説

## あ行

**イタイイタイ病**……………33
大正から昭和20年代にかけて、富山県の神通川で起きた公害病。川の上流にある鉱山からの排水にふくまれるカドミウムが原因。患者の人たちは体じゅうがはげしくいたみ、「イタイ、イタイ」と苦しんだことからこの名がついた。

**エドワード・S・モース**……10
アメリカの動物学者（1838～1925年）。1877（明治10）年に来日、大森貝塚を発見し、発掘調査をおこなった。東京大学で動物学を講義し、進化論を日本にはじめて紹介。日本の考古学・人類学の発達にも貢献した。

**汚泥**…………………36、43
下水処理場での処理過程や、工場排水の処理後にのこる泥状のもの。産業廃棄物としてあつかわれる。

**温室効果ガス**…………21、37
家庭や工場・発電所などから出る煙や、自動車の廃棄ガスにふくまれる二酸化炭素（$CO_2$）やメタンなどの気体のこと。これらの気体は、太陽の熱を閉じこめて気温が下がりにくくするはたらきがある。これらの気体が地球を取りかこみ、まるで温室のような状態にするため、「温室効果ガス」とよばれている。

## か行

**貝札**………………………10
貝をけずって穴を開け、首からぶら下げていたもの。貝符ともいわれる。死者の副葬品としても見つかっている。

**原子力基本法**………………37
日本の原子力の研究・開発・利用の基本方針を示す法律。1955（昭和30）年制定。日本の原子力の研究・開発・利用は平和目的にのみかぎられること、民主・自主・公開の3つの原則にもとづいてすすめられることを明記している。核燃料や原子炉の管理、放射線による障害の防止など原子力に関する基本を定めている。

**高度経済成長**………………33
1950年代半ばからの日本経済の急激な成長。1960年代の経済成長率は年平均10%をこえ、産業構造や国民の生活が急速に変化した。1973年にオイルショックが起こり、終了した。

**コレラ**…………22、28、30
コレラ菌の感染によって起こる感染症。はげしいげりやおう吐を引きおこす。

## さ行

**産業革命**…26、27、28、33
1750年ごろ蒸気機関が発明され、イギリスを中心に動力による大量生産がはじまり、産業・経済・社会が大きく変化した歴史的なできごと。

**循環型社会**……………23、24
大量採取・生産・消費・破棄の社会にかわり、製品の再生利用などをすすめて新たな資源の使用をおさえ、廃棄物ゼロを目指す社会。

**宋**……………………………15
960年から1279年までの中国の王朝。唐の滅亡後、混乱していた中国を統一し、中央集権的な体制を築いた。

## た行

**第二次世界大戦**……………34
1939～1945年。ドイツのポーランド侵攻にはじまり、ドイツ、イタリア、日本の枢軸国側と、アメリカ、イギリス、フランス、ソ連、中国などの連合国側にわかれて戦い、世界的に非常に大きな被害をもたらした戦争。

**太平洋戦争**……………32、33
1941～1945年。第二次世界大戦中、太平洋を中心に、お

もに日本と、アメリカ、イギリスなど連合国とのあいだでおこなわれた戦争。

**地球温暖化**……21
温室効果ガスの影響で地球の平均気温が上昇すること。20世紀以降、人間の活動によって急激にすすんでいるとされる。南極や北極の氷がとけ、海面が上昇して太平洋の島じまが水没したり、森林が破壊されて砂漠化がすすんだりするなどといった被害をもたらす。

**地球温暖化対策の推進に関する法律**……37
温暖化対策推進法ともいう。温室効果ガスの排出削減を達成するために、国・地方公共団体・事業者・国民の役割を規定している。1999（平成11）年施行。

**チフス**……28
腸チフスや発疹チフスの略称。腸チフスは、水や食べものに混入した腸チフス菌によって起こる感染症。発熱、げり、頭痛、腸炎などの症状が出る。発疹チフスは、高熱、頭痛とともに全身に発疹が出る。

## な行

**日露戦争**……33
1904〜1905年にかけて、韓国と中国東北部の支配権をめぐり、日本とロシアが争った戦争。

**日清戦争**……33
1894〜1895年のあいだに、朝鮮の支配をめぐり、日本と清が争った戦争。

**二毛作**……23
1年間に米と麦というように、2種類のことなった作物を同一の畑に栽培し、収穫すること。

## は行

**廃アルカリ**……36
液体状の産業廃棄物のうち、アルカリ性のもの。

**廃酸**……36
液体状の産業廃棄物のうち、酸性のもの。

**バブル景気**……35
1980年代後半から1990年代前半にかけ、株式や土地などの値段が、どんどんあがった経済状況。泡（バブル）のように急速にふくらんだが、突然はじけて価格が暴落してしまったため、こうよばれる。

**ペスト**……22、28、30
ペスト菌の感染によって起こる感染症。感染した人の皮ふに黒い斑点があらわれて、やがて死んでいくことから、「黒死病」ともよばれる。

## ま行

**水俣病**……33
1953（昭和28）年ごろから、熊本県の水俣湾周辺で発生した公害病。化学工場の廃液にふくまれる有機水銀化合物によって汚染された魚介類を食べた人や動物に発症した。言語障害や運動障害、難聴などが起こり、多くの人が死亡した。

## や行

**四日市ぜんそく**……33
三重県四日市市で1962（昭和37）年ごろより、コンビナートから排出された大気汚染物質が原因で、住民に多発したぜんそく。

## ら行

**露天焼却**……34
うめ立て処分場に移送されたゴミをその場所で燃やすこと。昭和30年代前半には、煙や粉じんに対する苦情があいついだため、おこなわれなくなった。「野焼き」ともいわれ、現在は廃棄物処理法によって禁止されている。

# さくいん

## あ行

- 芥……………………………16
- 浅草紙…………………………25
- アメリカ……… 10、21、28、30、32、41
- 亜硫酸ガス ……………………27
- イギリス……… 22、24、26、27、29、41
- イタイイタイ病…………33、44
- 一般廃棄物……………15、33、36、37、43
- 稲作……………………………23
- インド……………………21、41
- うめ立て………………………34
- うめ立て処分場………………26
- うめ立て処理…………………33
- ウラン廃棄物…………………20
- 英語……………………………9、38
- 永代浦…………………………24
- 江戸………………………15、24、25
- 江戸時代…11、13、15、23、24、30、34
- エドワード・S・モース…………………………10、44
- 大森貝塚………………………10
- 汚泥…………………36、43、44
- 汚物………………26、32、33、36
- 汚物掃除法………………30、32
- 温室効果ガス………21、37、44
- 温暖化…………………………8

## か行

- 貝札…………………………10、44
- 貝塚………………8、9、10、11、12
- かす……………………………13
- 家畜……………………………22
- 家庭ゴミ……………………22、35
- 鎌倉時代……………15、18、23
- がれき……………………32、43
- 環境汚染…………………33、35
- 環境考古学……………………11
- 感染症………22、28、30、31、34
- 気管支炎………………………27
- 行政………………………30、32
- くず………………13、16、25、38
- くずひろい……………………25
- くず寄せ場……………………25
- 経済成長………………………26
- 下水道……………………28、31
- 煙………………19、26、27、29
- 原子力基本法……………37、44
- 原子力発電所…………………20
- ゴ………………………………18
- 公害………………………33、35
- 公害国会………………………33
- 公害病…………………………33
- 工業化…………………………26
- 公衆衛生…………………30、32
- 工場排水………………………33
- 高度経済成長……………33、44
- 香料……………………………22
- 高レベル放射性廃棄物………20
- 古紙……………………………24
- ゴミ焼却場………………33、35
- ゴミ焼却炉……………………34

## さ行

- ゴミすて場………8、10、11、12、24
- ゴミ箱………………………17、40
- ゴミ袋…………………………38
- コレラ………22、28、30、44
- 再使用…………………………30
- 再生紙…………………………25
- 再利用……………………24、30
- 産業革命……26、27、28、33、44
- 産業廃棄物………33、36、37、43
- $CO_2$……………………………21
- 屎尿………15、23、24、28、30、31、32、36
- 循環型社会………………23、24、44
- 焼却………………………33、34
- 焼却場…………………………30
- 使用ずみ核燃料………………20
- 縄文時代…………8、9、10、23
- 新興国…………………………21
- スモッグ………………27、28、29
- 清掃行政………………………30
- 清掃法……………30、32、33
- 石炭………………………26、27、29
- 石油……………………………26
- 石器……………………………8、9
- 絶対的価値……………………14
- 先進国…………………………21
- 宋…………………………15、44
- 相対的価値………………13、14、15
- 粗大ゴミ………………………36

### た行

大気汚染……………………29
大気汚染物質………………27
大気浄化法…………………29
第二次世界大戦………34、44
太平洋戦争………32、33、44
大量消費………2、26、33、35
大量生産…………13、26、33
大量廃棄………2、26、33、35
地球温暖化……………21、45
地球温暖化対策の推進に関する法律
………………………37、45
チフス……………………28、45
中国……15、19、21、23、40、41
中国語………………9、19、39
中世…………………………22、23
塵……16、17、18、19、27、38
土煙…………………………16、19
ディーゼル車………………27
定住……………8、10、11、12
低レベル放射性廃棄物………20
テムズ川……………………22
天然ガス……………………29
天然資源……………………26
トイレ……11、12、15、22、30
土器…………………8、9、10
特別清掃区域………………32
渡来人………………………23

### な行

夏島貝塚……………………10
生ゴミ
………23、24、32、34、38
奈良文化財研究所…………11

### は行

二酸化硫黄…………………27
二酸化炭素……………21、41
西之城貝塚…………………10
日露戦争………………33、45
日清戦争………………33、45
二毛作…………………23、45
農耕……………………8、11
野焼き………………………30

### は行

廃アルカリ……………36、45
排煙…………………………33
煤煙…………………………26
排気ガス……………………19
廃棄物………13、20、24、26、
30、33、35、36、37、38
廃棄物処理法……15、33、36、37
廃棄物の処理及び清掃に関する法律
………………………13、33
廃酸……………………36、45
廃油…………………………36
発泡ポリスチレン…………35
バブル景気……………35、45
パンデミック………………28
肥料……11、13、15、23、31、34
深川塵芥焼却場……………34
プラスチック…………35、42
フランス……………………24
フリーマーケット……13、14
古着…………………………24
分別…………………………40
平家物語……………………18
ペスト………22、28、30、45
ペットボトル…………35、42

### ま行

放射性廃棄物……20、21、37
放射性物質………20、36、37
埃…16、17、18、26、27、38

### ま行

松井章………………………11
水俣病…………………33、45
室町時代……………………23
明治時代…………30、31、32
燃えがら……………………36
燃えるゴミ…………………34
もったいない精神…………30

### や行

焼畑…………………………23
弥生時代………………8、23
有害廃棄物…………………38
有害物質………………33、35
養豚場…………………30、34
吉胡貝塚資料館……………10
四日市ぜんそく………33、45

### ら行

リサイクル…………………24
リサイクルショップ……13、14
露天焼却………………34、45
ロンドン市法………………29
ロンドンスモッグ……27、29

■ 著／稲葉茂勝

1953年東京都生まれ。大阪外国語大学、東京外国語大学卒業。国際理解教育学会会員。子ども向け書籍のプロデューサーとして多数の作品を発表。自らの著作は、『世界の言葉で「ありがとう」ってどう言うの？』など、国際理解関係を中心に著書・翻訳書の数は80冊以上にのぼる。
なお、2016年9月よりJFC（Journalist for children）と称し、執筆活動を強化しはじめた。

■ 編集・デザイン／こどもくらぶ（石原尚子、関原瞳、矢野瑛子）

「こどもくらぶ」は、あそび・教育・福祉分野で子どもに関する書籍を企画・編集しているエヌ・アンド・エス企画編集室の愛称。図書館用書籍として、毎年100タイトル以上を企画・編集している。主な作品に「さがし絵で発見！ 世界の国ぐに」全18巻、「大きな写真と絵でみる地下のひみつ」全4巻、「現場写真がいっぱい 現場で働く人たち」全4巻（あすなろ書房）など多数。

この本の情報は、特に明記されているもの以外は、2016年10月現在のものです。

■ 企画・制作／
株式会社エヌ・アンド・エス企画

■ 写真・図版協力（敬称略）

足立区地域文化課文化財係
アフロ
国立公文書館
国立歴史民俗博物館
品川区立品川歴史館
田原市教育委員会
東京都
東京都下水道局
東京都立中央図書館
新潟県立歴史博物館
深川江戸資料館
ユニフォトプレス
四日市公害と環境未来館
関野勉
松井三雪
柳井研一郎／PIXTA
©Aurinko、©Bob Suir、©Ciolca、
©Maocheng、©Mira Agron、
©Mykyta Starychenko、
©Nasrul Hudayah、©Seagames50、
©Yuliamyron ¦ Dreamstime.com
©AVTG、©Dmitry Vereshchagin、
©Gary、©Gelpi、©Glenda Powers
©Marco Mayer、©Maria B.、
©mariusz szczygieł、
©1xpert-Fotolia.com

■ 参考資料

『東京都清掃事業百年史』（東京都）
『日本の廃棄物処理の歴史と現状』（環境省）
『ビジュアル版 縄文時代ガイドブック』
勅使河原 彰／著（新泉社）

---

シリーズ「ゴミと人類」過去・現在・未来①
「ゴミ」ってなんだろう？ 人類とゴミの歴史　　NDC519

2016年11月30日　初版発行　　2020年3月20日　3刷発行

著　者　　稲葉茂勝
発行者　　山浦真一
発行所　　株式会社あすなろ書房　　〒162-0041　東京都新宿区早稲田鶴巻町551-4
　　　　　電話　03-3203-3350（代表）
印刷所　　凸版印刷株式会社
製本所　　凸版印刷株式会社

©2016 Shigekatsu Inaba
Printed in Japan

48p／31cm
ISBN978-4-7515-2856-3

拒
削減
尊
再使用